不可思议的万物变化

动物的生命历程

[澳] 萨莉·摩根　著
[荷] 凯·科恩　绘
吕红丽　译

中国农业出版社
农村设物出版社
北　京

图书在版编目（CIP）数据

不可思议的万物变化.动物的生命历程 /（澳）萨莉·摩根著；（荷）凯·科恩绘；吕红丽译. —北京：中国农业出版社，2023.4
ISBN 978-7-109-30385-0

Ⅰ.①不… Ⅱ.①萨…②凯…③吕… Ⅲ.①自然科学–儿童读物②动物–儿童读物 Ⅳ.①N49②Q95-49

中国国家版本馆CIP数据核字(2023)第028814号

Earth's Amazing Cycles: Animals
Text © Sally Morgan
Illustration © Kay Coenen
First published by Hodder & Stoughton Limited in 2022

著作权合同登记号：图字01-2022-5148号

中国农业出版社出版
地址：北京市朝阳区麦子店街18号楼
邮编：100125
策划编辑：宁雪莲　陈　灿
责任编辑：章　颖　陈　亭
版式设计：李　爽　　责任校对：吴丽婷　　责任印制：王　宏
印刷：北京缤索印刷有限公司
版次：2023年4月第1版
印次：2023年4月北京第1次印刷
发行：新华书店北京发行所
开本：889mm × 1194mm　1/12
印张：$2\frac{2}{3}$
字数：45千字
总定价：168.00元（全6册）

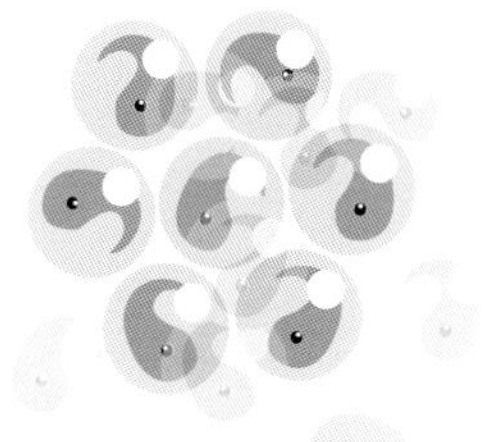

目 录

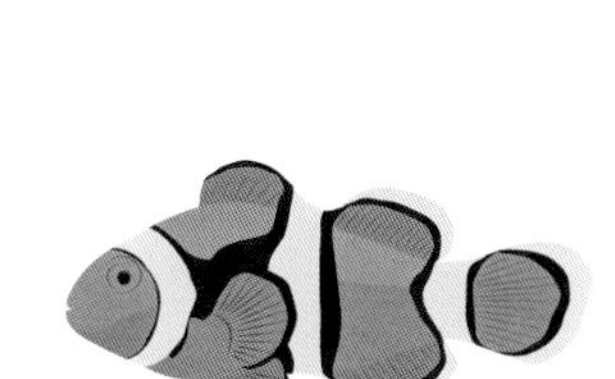

什么是动物

所有动物都有一些共同特征。例如，动物需要吃食物才能生长，进行繁殖。动物与植物不同，有的植物能够自己制造养分，而动物若要生存就必须寻觅食物。

脊柱

动物可以分为两大类——脊椎动物和无脊椎动物。脊椎动物是指有脊柱的动物。脊柱是一根由多个小骨组成的骨棒，具有柔韧性，从动物的背部向下延伸，比如鸟类、鱼类和哺乳类都是脊椎动物。无脊椎动物没有脊柱，比如昆虫和贝类。世界上约有96%的动物都是无脊椎动物。

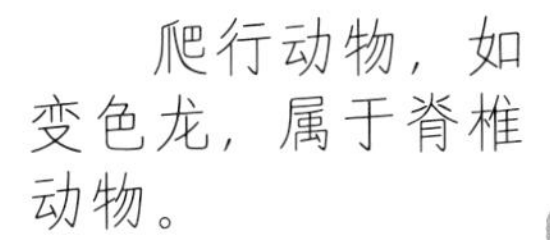

爬行动物，如变色龙，属于脊椎动物。

蛾、蝶类属于无脊椎动物，幼虫又名为毛虫。蛾、蝶类身体表面有一层坚韧的外骨骼，具有保护作用。

生命周期

动物幼仔长大后就变成了成年动物。有些动物在成长过程中，身体的变化是循序渐进的，例如新生小狗长成成年狗后，外貌变化不大，只是体型逐渐变大了。而有的动物在成长过程中外貌会发生巨大变化。例如，蝴蝶的卵孵化成幼虫后，称为毛虫，它看起来更像一只蠕虫，而不是蝴蝶。毛虫后来成长为蝴蝶，经历了身体结构的巨大变化。这种现象叫做变态。

世界无奇不有

问 你知道什么动物是头朝下脚朝上倒着生活的吗？

答 树懒。树懒是一种哺乳动物，主要生活在南美洲的热带雨林中。它用长长的爪子抓住树枝，身体倒挂在树枝上，无论进食还是睡觉，甚至生宝宝都是倒挂着的！

树懒

多种多样的动物

动物的种类繁多，体型大小不一，小型的动物如变形虫，最大的变形虫，直径也不到1毫米；而世界上最大的动物蓝鲸，体长可达30米。

动物的种类

目前科学家们已经发现的动物物种大约有150万种。每个动物物种都独一无二，与众不同。但实际上，世界上还有数百万种动物等待人们去发现。这些动物多数生活在世界上那些还未被人类开发的地方，如偏远的雨林以及深海。

世界上约有8000种两栖动物，东方铃蟾就是其中之一。

动物的特征

不同种类的动物，具有不同的特征。例如，昆虫有6条腿，而蜘蛛有8条腿。鸟类的身体表面长有羽毛，而鱼类的身体表面一般长着鳞片。有些动物是卵生的，比如鸟类和绝大多数鱼类；而几乎所有哺乳动物通过胎生产下幼仔。

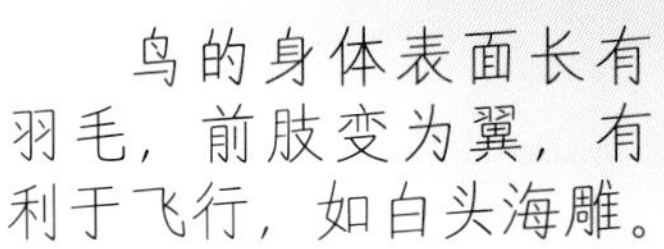

鸟的身体表面长有羽毛，前肢变为翼，有利于飞行，如白头海雕。

世界无奇不有

问 你知道什么是化石吗？

答 化石是指留存下来的古代生物的遗体、遗物和遗迹。大多数化石都保存在地层中，通过对化石的研究，有助于科学家了解生活在数千万年前的动物，例如恐龙。

猕猴是灵长类动物的一种。

动物的分类

动物的种类繁多，科学家根据动物的特征对它们进行了分类。例如，脊椎动物可分为鱼类、两栖类、爬行类、鸟类和哺乳类。每个类群又可以继续细分成更小的类群，分类等级越低，包含的生物种类越少。例如，灵长目属于最高等的哺乳动物。猴、类人猿属于灵长目。

生命周期

动物的生命周期包括出生、成长、生殖和死亡等阶段。

产卵还是产幼仔

绝大多数动物的生命始于一个受精卵。受精卵发育形成胚胎，胚胎会发育成动物幼仔。有些雌性动物会产卵，卵在母体外发育孵化成幼仔，例如多数昆虫、绝大多数鱼类、鸟类等。而几乎所有的雌性哺乳动物会将受精卵留在体内，受精卵逐渐发育，一段时间后，雌性哺乳动物就会产下幼仔。

哺乳动物的一生

哺乳动物（如狮子）的生命周期始于幼仔的出生。刚出生的哺乳动物幼仔需要依靠母乳才能生存，然后逐渐成长、成年。

1 雄狮和雌狮进行交配。

2 雌狮（又称母狮），每胎产仔量可多达4只，并用母乳哺育幼仔。

世界无奇不有

问 什么动物能够改变性别？

答 鱼。生活在珊瑚礁上的许多鱼类，如小丑鱼和隆头鱼，都可以改变性别。在一群小丑鱼中，有一条占据主导地位的雌鱼，如果这条雌鱼死亡了，剩下的雄鱼中具有最高地位的个体会转变为雌鱼，取代原来雌鱼的地位。而隆头鱼通常以一雄多雌的群体聚居，若群中的雄鱼死去，剩下的雌鱼中具有最高地位的个体将变成雄鱼。

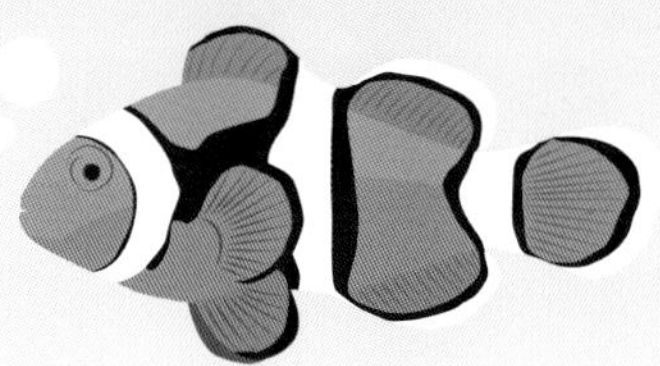

成年的哺乳动物

哺乳动物成年后就能够繁衍后代。死亡是哺乳动物生命周期的最后一个阶段。死亡动物的身体逐渐腐烂，其中的营养物质会回归土壤。

3 幼狮的生长速度很快，大约2～3岁就已成年，可进行交配。

4 野生狮子的寿命约为12年。

求偶

生殖，又称为繁殖，是生物产生新个体的过程。动物在繁殖过程中常常会表现出求偶、交配、生产、抚育等一系列和繁殖相关的行为。动物繁殖行为的表现多种多样，比如，动物有很多不同的求偶方法。

择优而选

有的动物是根据外表选择配偶的，例如有些雌鸟会选择羽毛颜色最鲜艳的雄鸟作为配偶，有些会选择歌声最动听或拥有最华丽鸟巢的雄性作为配偶。许多雄性哺乳动物会通过武力与其他雄性争夺雌性。

雌孔雀通常会选择尾羽最长最美丽的雄孔雀作为配偶。

特定交配时期

有些雌性动物每年只在特定时期交配，可能是为了确保幼仔在一年中食物丰富的时候出生。通常情况下，雄性动物能通过雌性动物身上散发出的气味或外表特征来判断交配时机是否合适。例如，某些蝶、蛾类的雌性昆虫在繁殖期能释放出一种特殊气味的物质，雄性昆虫依靠触角探测到同种雌性昆虫的这种物质后，就会飞过来同雌性昆虫交配。

求偶方式

有些动物会通过某种行为模式进行求偶，比如跳舞或筑巢。极乐鸟和丹顶鹤的雄鸟求偶时会跳舞。有些雄鱼求偶时也会向雌鱼展示自己，例如，三刺鱼在繁殖季节时，雄鱼的腹面变成红色，它会在一个安全的地方筑巢，还会跳求爱舞吸引雌鱼。

雄性和雌性丹顶鹤一旦配对，便会终生相伴。它们求偶时会表演鞠躬、甩头和跳跃等舞蹈动作。

世界无奇不有

问 你知道哪类雄鸟会搭建和装饰求偶园亭去吸引雌鸟吗？

答 园丁鸟。大多数雄性园丁鸟会通过建造园亭以博取雌鸟的青睐。雄性园丁鸟衔来一根根树枝，插在地上，搭出一个漂亮的园亭，再到森林里或其他地方寻找颜色鲜亮的物件装饰自己的园亭，然后发出响亮的叫声吸引雌性前来参观。

生殖方式

生物的生殖方式有两大类：有性生殖和无性生殖。

有性生殖

大多数动物在生殖过程会产生雌性生殖细胞（卵子）和雄性生殖细胞（精子），然后通过受精，雌雄生殖细胞结合形成受精卵，接着由受精卵发育形成新个体。这种生殖方式称为有性生殖。

雄蝶与雌蝶交配时，精子进入雌蝶体内与卵子结合，形成受精卵。

受精

受精是精子与卵子结合成受精卵的过程。水生动物，如大部分鱼类，通常属于体外受精，即雌性动物和雄性动物分别将卵子和精子排入水中，卵子和精子在水中结合完成受精。生活在陆地上的动物，如哺乳动物和鸟类，一般通过雌性动物和雄性动物的交配，雄性动物把精子送入雌性动物体内，精子与卵子结合形成受精卵，完成受精。这种受精方式属于体内受精。受精卵形成后，在合适的条件下开始胚胎发育。有些动物的受精卵在母体外靠自身所含有的营养发育孵化成幼体，这种胚胎发育的方式称作卵生。有的在母体子宫内发育，并由母体供应营养发育成为幼体，这种胚胎发育的方式称作胎生。

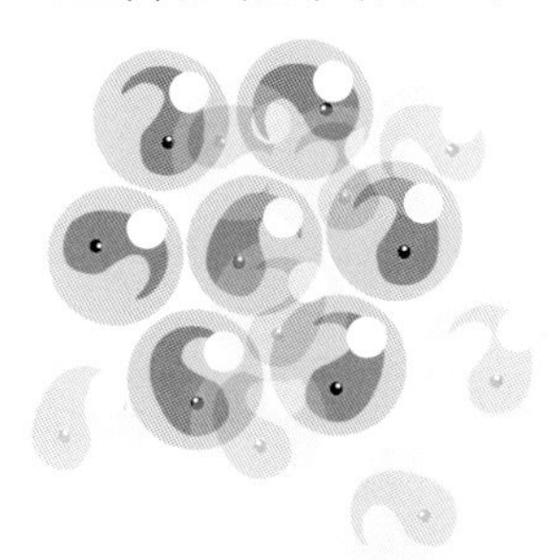

这些是鮟鱇鱼产的卵，已经有4～5周的时间了，胚胎发育良好。

无性生殖

一些低等动物的生殖，不需要经过雌雄两性生殖细胞的结合，而是由一个生物体直接产生后代，这种生殖方式称为无性生殖。经过无性生殖繁育的后代与亲代完全相同，没有什么变异。例如，变形虫是一种微小的单细胞动物，一般生活在水中，进行无性生殖，细胞一分为二，分别形成新的个体。

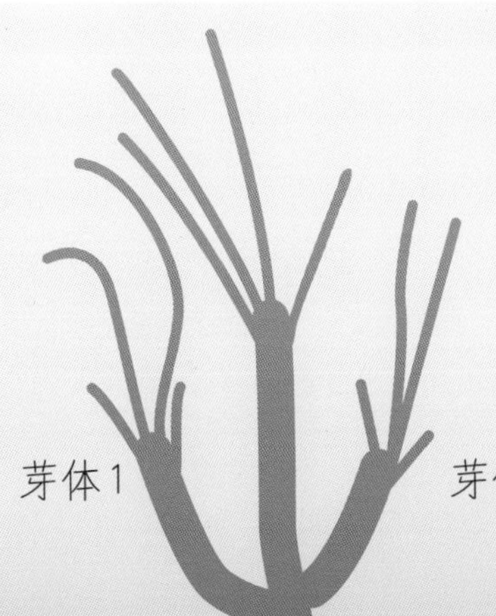

水螅是一种形态结构比较简单的小动物，也可以进行无性生殖。图中的水螅身上长有两个芽体，这两个芽体实际上就是小水螅。图中的两个芽体即将与母体分离。

世界无奇不有

问 你知道哪种动物交配后，雌性会把雄性吃掉吗？

答 黑寡妇蜘蛛。这种蜘蛛交配后，雌蜘蛛有时会吃掉雄蜘蛛，因而得名黑寡妇蜘蛛。其他蜘蛛也有这种情况，如黑寡妇的近亲，澳大利亚红背蜘蛛。有时雌性蜘蛛吃掉雄性，是因为误把它当成猎物了！

黑寡妇蜘蛛

产卵

鱼类、两栖类、爬行类、鸟类、昆虫通常是卵生。卵在排出体外前已受精，或在排出体外后受精。受精卵会发育成新个体，胚胎发育的营养由卵中含有的卵黄等物质提供。鱼类和两栖类的卵表面有一层胶状物，能够起到保护作用。蜥蜴、蛇等爬行类动物的卵表面是一层革质的外壳，鸟类的卵表面有一层硬壳，蝴蝶等昆虫所产的卵表面也有一层外壳。

产卵数量

大多数鱼类一次就能产下数千个甚至数百万枚鱼卵。这些鱼卵大多数都会被其他动物吃掉，只剩下少数能孵化成小鱼并成长起来。因此鱼类只有产下大量鱼卵以确保其中有一部分能存活下来。鸟类和爬行类等动物的产卵数量较少，但卵的个头较大。每个卵中都储存着丰富的营养物质，大多数都能存活并孵化出小生命。

青蛙将卵产在水中，每个受精卵上都有一层胶状保护膜。

产卵方式

生活在水中的动物，如鱼类，通常会将卵产在水中。有些动物会把产下的卵埋在地下，例如海龟。大部分鸟类是在巢中产卵，雌鸟负责孵化（保证鸟蛋始终温暖），直到孵化出小鸟。有些蝴蝶将卵产在植物上，它们会逐粒将卵产在不同的地方，又或者在一个地方产下数粒卵。

庭园蜗牛每次可产下大约70～90个白色圆形卵，并会将卵埋在土壤中。

世界无奇不有

问 在现存的鸟类中，什么鸟产的蛋最大呢？

答 鸵鸟。鸵鸟蛋的重量可达2千克左右，大概相当于24枚鸡蛋的重量和大小。

新生命

动物受精后经过一段时间，鸟类和绝大多数鱼类等动物的受精卵在母体外发育孵化为新个体，大多数哺乳类动物的受精卵在母体内发育为胎儿产出母体。

孵化

当雏鸟准备出壳时，它会用喙啄破卵壳，从中钻出来。鸡、鸭、鹅、孔雀、鸵鸟等，雏鸟孵化出来后有稠密的绒羽，羽毛干松后，就能活动。而家鸽、麻雀、猫头鹰等，雏鸟孵化出来后，全身裸露或只有稀疏的绒羽，无法独立生存。

这些小鸡刚孵化出来没多久，就已经能够站起来跟着鸡妈妈四处走动了。

产仔

哺乳动物从卵子受精到胎儿发育完全而分娩的这段时间称为妊娠期。有的动物妊娠期较短，如袋鼠的妊娠期只有几周时间，而有的动物妊娠期很长，如大象的妊娠期可长达2年。当雌性哺乳动物快分娩时，它们通常会找一个安全、隐蔽的地方产仔。许多动物通常选在黎明或黄昏时分娩，因为这个时候周围的捕食者较少。为了确保幼仔始终感受到温暖，动物还可能会为幼仔筑巢。

小老鼠刚出生时还没有长毛，闭着眼睛，也听不见声音，只能待在鼠穴中，以母乳为食。

产仔数

大型哺乳动物，如人类、大猩猩和鲸，通常每胎产一仔。而猫、狗等哺乳动物通常每胎能产一窝（几只）幼仔。负鼠一次能生育一大窝（有时多达20只）幼仔。无尾马岛猬是一种小型哺乳动物，长得有点像老鼠，一次产仔量可达30只。

世界无奇不有

问 你知道什么动物是由爸爸孵化的吗？

答 海马。雄性海马和雌性海马交配时，尾巴相互缠绕，跳起求偶舞。雌性海马将卵产在雄性海马腹部的孵卵囊中，开始受精。受精卵在囊内发育2～4周后，小海马就孵化出了。

受精卵在雄性海马的孵卵囊中。

抚育

许多动物在产卵结束后就直接离开不管了，而有些动物则会留下来照顾它们的宝宝。

哺乳

所有雌性哺乳动物都会分泌乳汁喂养幼仔。乳汁是一种液体食物，含有动物幼仔生长所需要的营养物质。有些新生哺乳动物一开始吃母亲的乳汁，一些天后就可以吃固体食物了。有些动物的哺乳期较长，例如，大象宝宝的哺乳期通常长达两年。

喂养幼仔

小动物在生长过程中通常食量巨大。例如，一只蓝山雀雏鸟一天就能吃掉100只毛虫，因此，鸟妈妈和鸟爸爸每天非常辛苦地为饥饿的小鸟觅食。狮子和老虎等食肉动物通常会捕食鹿或其他食草动物喂养幼仔。

保护幼仔

许多动物都会保护自己的孩子免受捕食者的伤害。例如，如果有狼靠近时，麝牛群会形成一个防御圈，将牛犊围在中间，防止狼靠近。犀牛和大象会攻击所有对其幼仔造成威胁的动物。还有的动物种类，它们的爸爸妈妈们会通过逃跑或飞走的方式将捕食者引开，确保孩子的安全。

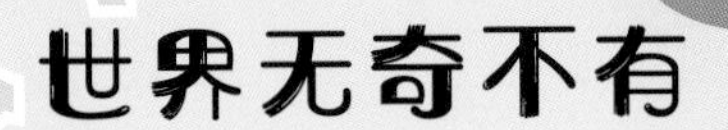

世界无奇不有

问 你知道什么鸟把蛋产在其他鸟的巢里吗？

答 杜鹃。多种雌杜鹃会把蛋产在其他鸟的鸟巢中，蛋的外形与寄主鸟的蛋相似。小杜鹃一般先孵化，长得比其他小鸟更快、更大。通常情况下，它会把别的小鸟全部挤出巢外，这样它就是鸟巢里唯一的小鸟，霸占“养母”投喂的所有食物。

袋鼠将它们的幼仔放进育儿袋里，走到哪带到哪，时刻保护着幼仔。

杜鹃宝宝

成长

随着时间的推移，动物幼仔逐渐生长发育，长为成年动物，具备繁殖能力。

学习捕猎

捕食其他生物的动物从小就必须学会捕猎。如果它们缺乏这种技能，就会饿死。许多哺乳动物，比如猎豹和狮子，都是母亲教孩子学习捕猎。母亲狩猎时，幼仔跟在身边学习，待它们长到一定年龄后，就和母亲一起捕猎。

对小猎豹来说，玩耍至关重要。它们在不伤害彼此的情况下，要不断地学习如何打斗和捕猎。

成长与蜕皮

昆虫的体表有一层坚韧的外骨骼。外骨骼是昆虫的体壁，具有皮肤和骨骼两种功能。由于外骨骼不能随着虫体的生长而生长，昆虫在生长发育过程中会出现问题，就像身上紧紧裹着一件很小的衣服一样，束缚生长，因此昆虫会出现蜕皮现象。为了长得更大，它们必须蜕去老的外骨骼，再长出更大的新的外骨骼。

爬行动物的蜕皮现象特别明显，如变色龙。变色龙只有蜕皮后才能生长，因为它们身上的鳞状皮肤没有伸展性，束缚了自己的生长。

海洋生物

许多小鱼刚出生的几个月就像浮游生物一样漂浮在水的上层，在这里觅食，慢慢成长。大麻哈鱼却别具一格，在淡水中孵化，在海水中成长，再回到淡水中繁殖。海龟在沙滩上产卵，几个月后海龟幼仔在沙滩上孵化出来，它们必须快速冲进大海，以躲避海滩上的鸟类、螃蟹和其他捕食者的捕杀。

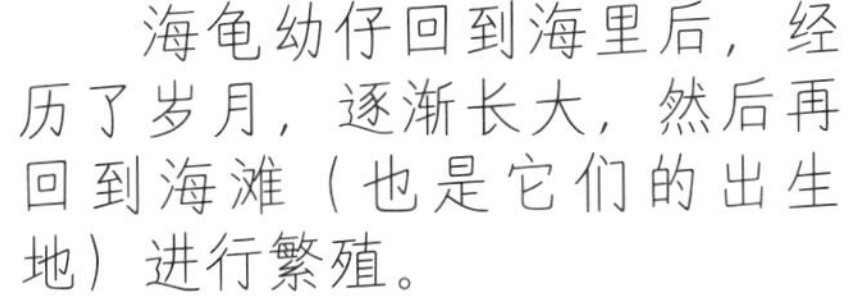

海龟幼仔回到海里后，经历了岁月，逐渐长大，然后再回到海滩（也是它们的出生地）进行繁殖。

世界无奇不有

问 你知道什么动物的宝宝1个月左右体重就能增加到原来的4倍吗？

答 象海豹宝宝。象海豹妈妈的乳汁中含有丰富的脂肪，因此象海豹宝宝能够在1个月左右快速生长，并且皮肤下会形成厚厚的一层脂肪。妈妈离开后，象海豹宝宝只能独立生活，一边依靠皮下脂肪生存，一边学习捕获食物的技能。

变态

变态是指动物在幼体发育为成体的过程中，形态结构和生活习性方面所发生的显著变化。变态现象是两栖动物以及昆虫等动物生命周期中的重要部分。

蝴蝶的生命周期

蝴蝶是昆虫的一类，生命周期包括卵、幼虫、蛹、成虫四个阶段。蝴蝶产卵，卵孵化成毛虫。毛虫是蝴蝶的幼虫阶段。毛虫进食并不断生长发育，经过几次蜕皮后变成蛹。在蛹内，毛虫的身体会经历重塑过程，形成成虫身体。转变完成后，蛹裂开，一只新生的蝴蝶诞生了。

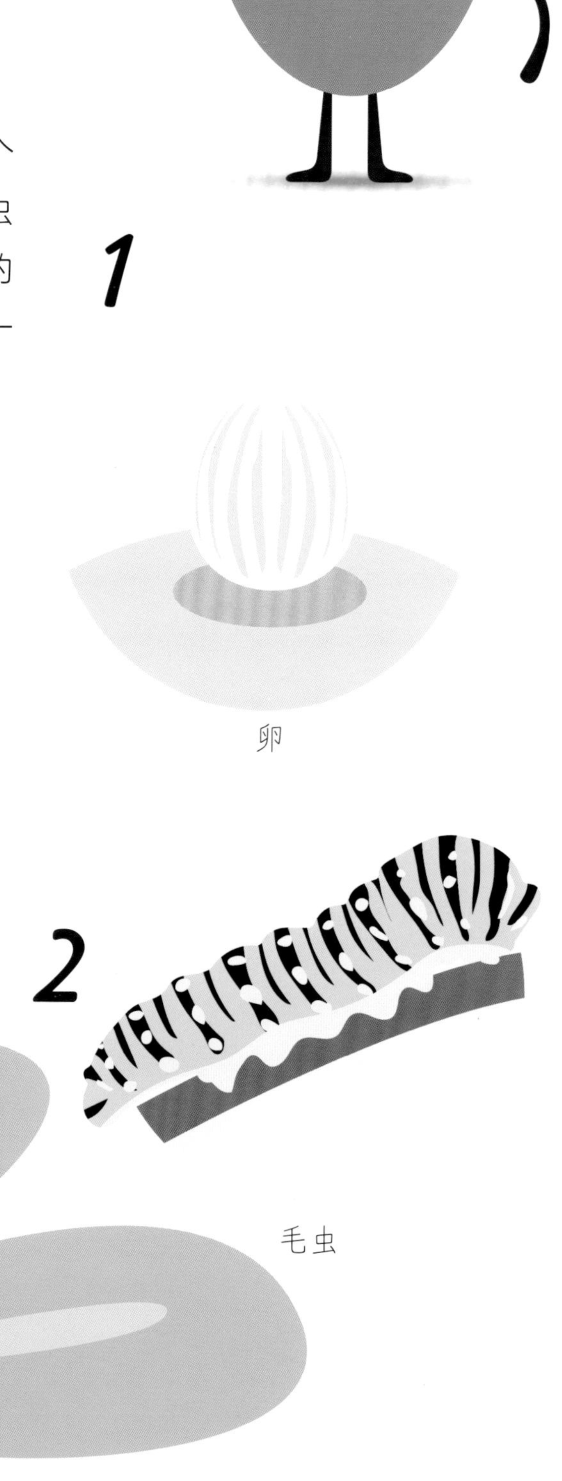

蝴蝶会从花中获取花蜜为食，在叶子上产卵。

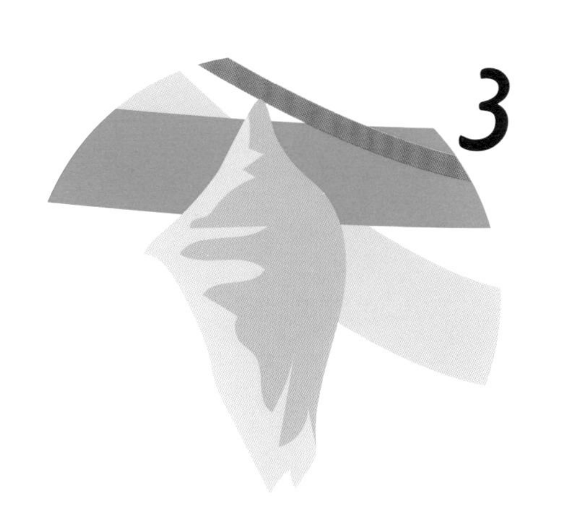

蛹

4

蛹裂开，一只蝴蝶诞生。

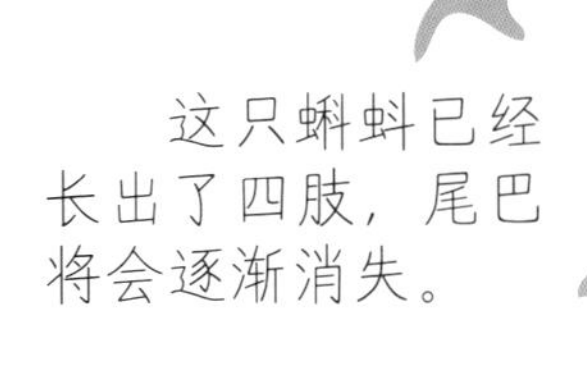

这只蝌蚪已经长出了四肢，尾巴将会逐渐消失。

世界无奇不有

问　你知道哪种动物始终保留幼体的形态吗？

答　墨西哥钝口螈。它是一种两栖动物，与其他两栖动物不同的是，墨西哥钝口螈不会经历变态过程，它一生保持着幼体的形态，外腮不会退化。

墨西哥钝口螈

两栖动物

两栖动物是一类既能在水中，又能在陆地上生活的脊椎动物，也有少数种类一生在水中生活。青蛙是一种两栖动物。雌蛙将卵产在水中完成受精。大约1周后，受精卵孵化出幼体（即蝌蚪），看起来有点像小鱼。接下来的几个月中，蝌蚪的形态逐渐改变，越来越像青蛙。它们长出四肢，身形发生变化，尾巴逐渐缩短并消失，蝌蚪逐渐发育为成蛙，就可以离开水面到陆地生活了。

觅食

绿色植物能够自己制造养分，动物却不能，它们需要寻找现成的食物来源，比如以其他动物为食。生活在同一个地方的所有动植物都具有相互依赖性，从而形成食物链。

食草动物

许多动物以植物为食，尤其是植物的叶、果实和根。这类动物被称为食草动物。食草动物有可能成为食肉动物的腹中餐。食肉动物一般是捕食者，以捕食其他动物为食。

长颈鹿属于食草动物。它用长长的舌头把树叶从树上扯下来送进嘴里。

水母以小鱼和浮游生物为食，而水母又是海龟和某些鱼的食物。

捕猎

捕食者通常比猎物体型大，但数量少。捕食者有很多捕猎的方法。例如，蜘蛛会织出一张具有黏性的网捕捉飞虫。

猞猁是一种捕食者，以雉鸡和野兔等小动物为食。

伺机而动

一些捕食者会等待猎物靠近后，再突然跳出来攻击它们。为了不被发现，它们还会使用伪装术伪装自己。例如，躄鱼的形态会随着周围的珊瑚礁而改变，而蟹蛛的颜色与其藏身处花朵的颜色相同。像大菱鲆（亦称“多宝鱼”）这类比目鱼只需平趴在海床上，就很难被发现。

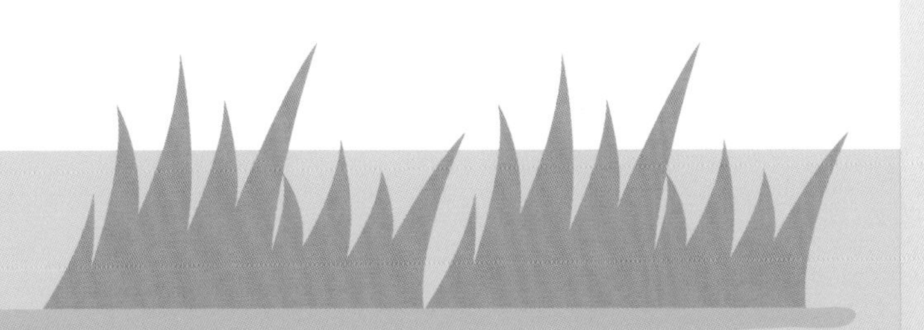

世界无奇不有

问 你知道什么鱼会“钓鱼”吗?

答 鮟鱇鱼。有些鮟鱇鱼的头中间有一根突起的长刺状物，像个钓竿，顶端有个肉穗会发光。鮟鱇鱼通过摆动这个肉穗吸引小鱼，待小鱼靠近它时，就把小鱼吞进嘴里。

鮟鱇鱼

食腐动物

动物死亡后，尸体就会成为食腐动物的食物。没有食腐动物，动物的尸体就有可能堆积如山。

秃鹫的视力非常好，能够在遥远的高空中发现地面上的动物尸体。

秃鹫

秃鹫是一种常见的食腐动物，在许多国家都有分布，时常盘旋于高空之中。一群秃鹫能够迅速将一具动物尸体上所有可食用部分吃光，只留下皮毛和骨头。有些秃鹫的脖子上没有羽毛，因此它们埋头吃动物尸体的时候，脖子上也不会沾上动物的血或腐肉。

小型食腐动物

小型食腐动物主要有甲虫和蛆。许多蝇类昆虫将卵产在动物尸体上，这样它们的幼虫（也就是蛆）就有了充足的食物。几天之内，尸体上所有的柔软部分就被吃光了。

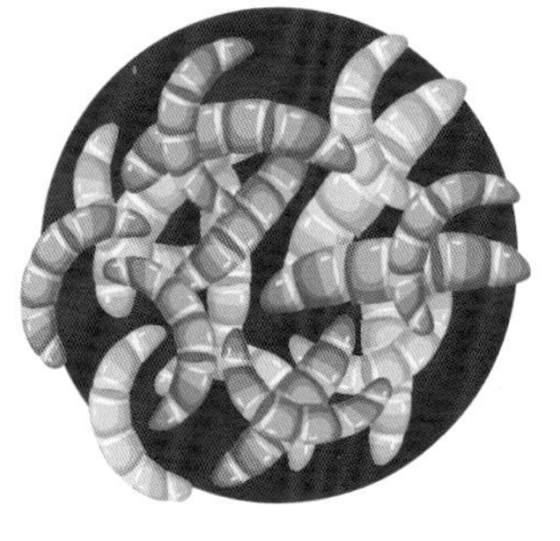

蛆以腐尸为食，然后化蛹，几天后羽化出成蝇。

细菌和真菌

细菌和真菌这些微小的分解者以动物粪便和腐尸为食。细菌和真菌能够将粪便和腐尸中的有机物分解为简单的物质，并吸收分解后的营养物质。在这个过程中，一些营养物质被释放到地下，被植物根系吸收。物质循环再次开始。

鬣狗在非洲大草原上觅食。

世界无奇不有

问 你知道什么动物最喜欢吃粪便吗？

答 蜣螂（俗称“屎壳郎”）。蜣螂的嗅觉非常灵敏，只要有粪便落到地上，它们就能探测到并争先恐后地冲到粪堆处。蜣螂会把粪便分成小块，滚动到安全的地方后藏起来。粪便对蜣螂来说弥足珍贵，它们甚至还会偷窃其他蜣螂的粪球。

动物的寿命有多长

有的动物只能活一天左右，而有的动物能活几百年。

长寿

世界上长寿的动物之一是巨型陆龟，它是一种爬行动物。人们在加拉帕戈斯群岛和塞舌尔群岛等岛屿上都发现了这种巨型陆龟。有的巨型陆龟已经活了175年，甚至更久。其他长寿动物包括人类、大象（寿命可达70年）以及鳄鱼（寿命为50 ~ 70年）。

巨型陆龟生长速度缓慢，寿命长，体重可达300千克。

罕见的生命周期

有的昆虫寿命也很长。蝉是一类昆虫，有种蝉的幼体会在地底下待上17年，幼体经过蜕皮变为成虫后开始繁殖，而成虫的寿命只有几周时间。

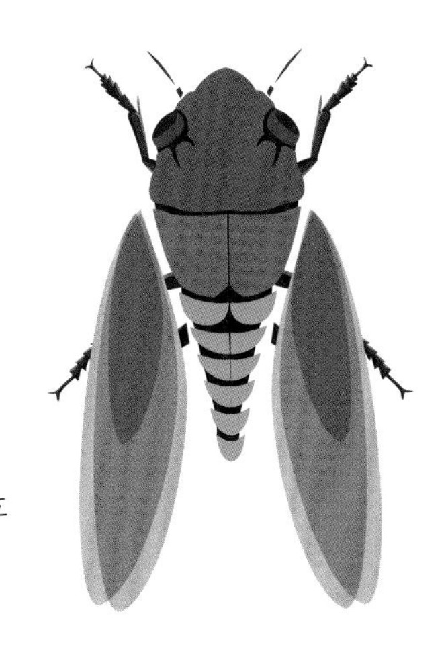

一些成年蝉只能存活几周时间。

心跳

通常情况下，体型小的哺乳动物比体型大的哺乳动物寿命短。一些科学家认为这与动物的心跳次数有关。他们估计在哺乳动物有限的寿命中，它们的心脏可以跳动约10亿次。老鼠的心脏跳动速度非常快，基本2年内就可跳完10亿次；而大象的心脏跳动速度慢，因此寿命更长。

世界无奇不有

问 你知道世界上年龄最大的动物是什么吗？

答 根据吉尼斯世界纪录，目前已知的年龄最大的动物是一种北极蛤，2006年，科学家在冰岛北部海域发现了它，2013年，科学家测定其年龄达到507岁。目前现存的年龄最大的陆生动物是一只名叫乔纳森的巨型陆龟，到2022年已经活了190年。

词汇表

变态　动物在幼体发育为成体的过程中，形态结构和生活习性方面所发生的显著变化。(5，22，23)

变形虫　一种生活在水中的单细胞动物，细胞没有固定形态。(6，13)

哺乳动物　脊椎动物中最高等的一个类群，绝大多数为胎生，依靠母体的乳汁哺育幼仔。(4，5，7，8，9，10，13，16，17，18，20，29)

捕食者　捕食其他生物的动物。(17，19，21，24，25)

触角　常指昆虫等动物生长在头上的感觉器官。(11)

分解者　能够分解动植物尸体的生物，主要是细菌和真菌。(27)

孵化　卵生动物的胚胎发育到一定程度时,冲破卵膜或卵壳而外出的过程。(5，8，13，14，15，16，17，19，21，22，23)

浮游生物　体型细小，生活在水中，没有或仅有微弱游泳能力的一类生物。(21，24)

负鼠　一种哺乳动物，有育儿袋，外形似鼠。(17)

骨骼　身体中起到支持和保护作用的部分。位于体内的称内骨骼，例如人和大多数高等动物的骨骼。位于体外的称外骨骼，存在于一些低等动物中，例如昆虫。(5，20)

脊椎动物　有脊柱的动物。(4，5，7，23)

精子　成熟的雄性生殖细胞。(12，13)

两栖动物　一类既能在水中，又能在陆地上生活的脊椎动物，也有少数种类一生在水中生活。(6，7，14，22，23)

灵长目 目前动物或植物分类系统一般包括界、门、纲、目、科、属、种等不同等级。灵长目是哺乳纲的一目，是最高等的哺乳动物，代表性的动物有黑猩猩、长臂猿、猕猴等。(7)

卵生 动物的受精卵在母体外靠自身所含有的营养发育孵化成幼体。(7，13，14)

卵子 成熟的雌性生殖细胞。(12，13，17)

毛虫 身体上多毛的蛾、蝶类昆虫的幼虫。(5，19，22)

爬行动物 能适应陆地生活的脊椎动物，体表有鳞或甲，体温不恒定。包括蛇、蜥蜴、龟和鳄等。(5，7，14，20，28)

胚胎 由受精卵发育而成的初期发育的动物体。(8，13，14)

蜣螂 俗称“屎壳螂”。一类昆虫,全身黑色，通常以粪便为食。(27)

妊娠期 哺乳动物从卵子受精到胎儿发育完全而分娩的一段时间。(17)

食物链 生态系统中各种生物之间由于摄取食物而形成的关系。(24)

受精 精子与卵子结合成受精卵的过程。(12，13，14，16，17，23)

受精卵 由精子和卵子结合而形成的细胞。(8，12，13，14，16，17，23)

胎生 动物的受精卵在母体子宫内发育，并由母体供应营养发育成为幼体。(7，13)

蜕皮 一些动物生长期间脱去旧表皮长出新表皮的过程。(20，22，29)

无脊椎动物 没有脊柱的动物。(4，5)

物种 具有相同特征的生物类群，同一物种的个体之间可以进行交配，并产生有生殖能力的下一代。(6)

蛹 完全变态的昆虫由幼虫变为成虫的过渡形态。(22，23，26)

幼虫 一般泛指由卵孵化出来的幼体，但习惯上仅指完全变态类昆虫的幼体。(5，22，26)